AF383945

NOUVELLE

DISSERTATION

SUR LE TRAVAIL

DES MINES D'OR ET D'ARGENT

EN FRANCE.

1712.

Pourquoi de l'Ocean courir les vastes bords,   En Métaux precieux autrefois si feconde,
France, ne trouvez-vó. de l'Or qu'au nouveau Monde!   N'avez-vous pas toûjours vos immenses Trefors.

NOUVELLE
DISSERTATION
SUR LE TRAVAIL
DES MINES D'OR ET D'ARGENT
EN FRANCE.

N OS premieres Diſſertations, & nos Epreu-
ves de l'Année derniere chés des Fondeurs
de Paris, qui Nous trompérent, ont fait trop
de bruit pour ne pas faire connoître aujour-
d'hui ce qui s'eſt paſſé au ſujet d'une Affaire, que l'on
traite de *Viſion* & de *Chimére*.

Nos lumiéres ſur ce qui s'apelle *Pierres Métalliques*,
Nous ont engagé depuis neuf Années à ſuivre en *Limo-
ſin*, & dans les *Pirennées* pluſieurs Travaux, dont la France
auroit profité dès les premiers jours, ſans l'ignorance de
quelques *Anglois*, *Irlandois*, *Napolitains*, *Eſpagnols*, &
François que Nous avions crû devoir apeller les uns après
les autres à notre ſecours pour la fonte, que nous n'en-
tendions en aucune façon, *l'Homme ne pouvant pas tout
ſavoir*.

Malgré l'incapacité de tous ces Ouvriers, toûjours

A ij

4

frapés du *vrai* de notre Travail, Nous avions réfolu de
paffer nous-même en *Hongrie*, dans cette préfente Année 1712. n'aïant aucunes nouvelles d'un *Efpagnol*, que
Nous fîmes paffer il y a deux ans, avec deux mille Ecus,
au *Méxique*, pour Nous en amener des Ouvriers.

En attendant le tems de notre départ, Nous recom-
mençâmes les Epreuves de nos differentes Matieres, dans
notre Maifon, avec un feul Domeftique, pour n'être
plus expofés à la mauvaife foy & à l'ignorance de tous
ces Fondeurs. Nous avons feulement apellé avec Nous
un Particulier de Paris, affés au fait de l'Art Métalli-
que, & le feul qui en ait quelque véritable teinture.

Nous travaillâmes feuls tous les trois pendant les mois
de Janvier, & Février derniers ; mais fans aucun fuccès,
parce que Nous fuivions dans nos Epreuves ce célébre
Auteur B a r b a du *Potofi*, qui n'a jamais été au fait des
Métaux d'Or ; & qui n'a traité que des Mines d'Argent.

Au mois de Mars, après nous être attaché à fuivre les
Pratiques de Hongrie, Nous fûmes enfin affés heureux
pour voir le fruit de tant de travaux & de dépenfes.

Nos premieres Epreuves, toûjours fixes pour l'Efpece
d'Or tres-fin & tres-beau, Nous aïant donc heureufe-
ment reüffi, Nous prîmes la réfolution de les répéter
deux fois le jour, pour arriver à la perfection que Nous
cherchions, & Nous y ferions infailliblement arrivés à
préfent, fans une Affaire particuliere, qui Nous furvint
dans le mois d'Avril, dont il n'eft pas ici queftion.

Ce que Nous avons de ces premieres Epreuves eft un
garand du *vrai* du Métal d'Or dans le Roïaume de France. Elles fe peuvent réïterer toutes les vingt-quatre heures, à la vûë de tout le Monde, & quoique le produit
des Mines d'Argent, qui fe trouvent auffi fur nos Ter-

res, fe foit trouvé par nos Eſſais plus fort qu'aux Indes, Nous n'en parlerons pas préſentement, parce que les Anciens qui ont travaillé dans nos Pirennées, ſe font uniquement apliqués aux Mines d'Or. Suivons leurs traces.

Mais avant que d'entrer en matiere, réfutons deux difficultés & deux objections, que l'on Nous fait tous les jours.

PREMIERE OBJECTION.

Point de Mines d'Or & d'Argent en France. Le Climat n'y eſt pas propre. Il y eſt trop froid.

RÉPONSE.

Nous avons déja répondu à cette Objection, & Nous l'avons réfutée dans quelques Diſſertations, que Nous donnâmes au Public il y a quelque tems. *Aux choſes de fait, il ne doit point y avoir de conteſtation.* Travaux exiſtans de tous côtés, Veſtiges de Fourneaux, Bâtimens & Fonderies, Hiſtoires reputées pour vraïes, enfin Epreuves qui ſe peuvent répéter publiquement toutes les vingt-quatre heures, tout cela, dis-je, doit ſuffire pour Réponſe à cette premiere Objection.

SECONDE OBJECTION.

S'il eſtoit vray qu'il y eût eû des Mines d'Or & d'Argent en France, travaillées autrefois, il faudroit qu'elles euſſent été abandonnées, faute de produits ſuffiſans pour remplir la dépenſe. En tout cas, ce ſont là des Travaux Roïaux, dans leſquels il ne convient à aucuns Particuliers de s'engager.

REPONSE.

Si Dieu nous a donné l'abondance de ce Métal, pareille à celle dont il a favorisé les autres Nations du monde, pourquoi nous plaindre?

Si ces Nations travaillent comme leurs Auteurs nous enseignent, sur des produits de trois onces d'Or, & quatre onces d'Argent par Quintal de matiere, Elles à qui les travaux coûtent beaucoup plus qu'à nous, pourquoi ne voulons-nous pas travailler?

Ces Travaux chés Elles ne sont point Roïaux, On y cultive ces espéces de Terres, comme nous cultivons ici les nôtres en blés & en vignes; Et c'est ce Travail ainsi répandu parmi les Sujets, qui fait la puissance & la richesse de leurs Souverains.

Nous n'en dirons pas davantage, parce que le Mémoire instructif, qui suit, va faire connoître l'utilité du travail, dont le détail ne convient pas à tout le monde, & justifier les difficultés que Nous avons enfin surmontées dans le cours de nos Recherches.

MEMOIRE INSTRUCTIF

Pour le travail des Mines d'Or & d'Argent reconnuës en France; & ce travail renfermé dans dix-huit MANOEUVRES, jusqu'à present ignorées, & cependant absolument necessaires.

PREMIERE MANOEUVRE.

Tirage de la Pierre Minérale.

Il faudra faire, autant qu'on le pourra, un prix à forfait avec Ouvriers ou Entrepreneurs, qui fourniront,

Savoir,

Outils de toutes fortes.
Poudres.
Luminaires.
Charpentes.
Epuifemens des eaux, &
Ouvriers de tous genres.

} *Le tout eftimé pour Cent pefant de Pierres Minérales, forties hors de la Miniere, avec tous les Décombres, pour rendre le Travail net* 5 liv.

DEUXIE'ME MANOEUVRE.

Tranfport de la Pierre aux Ouvroirs.

Les Ouvriers ci-deffus tranfporteront les Matieres, qu'ils auront eu foin de faire caffer en morceaux, gros comme des œufs feulement, hors des Miniéres, à la porte d'entrée des Ouvroirs, où il fera établi des Loges couvertes, avec des *Poids*, jufques à un *Millier*, pour leur être expedié un *Billet* imprimé de la *quantité*, & fur lequel ils feront payés tous les Dimanches. Cette Mine fera de là tranfportée par Charois, Chevaux, Mulets, ou Bouriques, fuivant les lieux, aux Ouvroirs des *Pilons*. Ce qui pourra coûter du fort au foible le *Cent* 1 l. 10 f.

TROISIE'ME MANOEUVRE.

Premier Calcinage.

Dans ces mêmes endroits, il fera conftruit des Fourneaux tout de briques, voûtés à jour par le milieu, pour calciner à la fois deux mille Quintaux, pendant le nombre de jours qui conviendra , par raport à la néceffité de la Mine ; car les unes veulent être calcinées vingt-quatre heures , & les autres deux ou trois fois le même efpace de tems. Le *Cent*   15 liv.

QUATRIE'ME MANOEUVRE,

Pilage.

La Mine étant calcinée , elle fera tranfportée dans les *Mortiers* de fer , qui feront établis avec *Pilons* , pour y être pilée , menuë comme grains de blé. Le *Cent* 6 liv.

CINQUIE'ME MANOEUVRE.

Moulage.

Sur ces mêmes Eaux , pour éviter le tranfport , il faut établir des *Moulins* , les plus grands que faire fe pourra , de pierres dures , & cerclées de fer , pour y faire moudre les Matieres en fortant du *Pilage* , & les réduire en *farines* tres-fines , qui feront enfuite paffées dans un *Tamis* de fil de léton tres-fin , après avoir été bien féchées auparavant. Le *Cent*   6 livres.

SIXIE'ME MANOEUVRE.

Premier Lavage.

On doit encore établir fur les mêmes Eaux douze *Lavoirs* , les uns fous les autres , avec chute de deux pouces , dans des *Tonneaux* , reliez avec cercles de fer

par

par les deux bouts, garnis chacun de trois *Robinets* de cuivre, dont il y en aura un tout au fond, pour faire couler, toutes les vingt-quatre heures, les Matieres les plus pesantes, les plus fines, & vraiment minerales. Ce que Nous apellons RAMENTUM; c'est-à-dire, en terme de MINEUR, *Extraits*, *Précis*, ou *Assemblages* des seules Matieres *métaliques*, épurées de tous *terrestres*. Le second Robinet doit être mis à six pouces du fond, pour écouler de tems en tems les Eaux grossieres, chargées encore de Métal; & le troisiéme à douze pouces du fond, demeurant toûjours ouvert, pour l'écoulement des premieres Eaux. Ces Tonneaux doivent avoir chacun trois piés de diamettre, & dix-huit pouces de hauteur. On mettra dans chacun un *Tourniquet* de Buis, cerclé de fer, à quatre faces en croix, qui tournera continuellement par des Roües à manivelles & à Eaux. Le *Cent*   6 livres.

SEPTIE'ME MANOEUVRE.

Second Calcinage.

Toutes ces Matieres, sortant de ces premiers Lavoirs, seront transportées dans de grands Fourneaux à *Reverbére*, bâtis de Briques, où elles seront calcinées en poudre, de l'épaisseur de trois ou quatre doits, l'espace de tems ou heures convenables à la nature des Mines, & remuées pendant tout le tems de la calcination, avec des *Rabots* de fer, *Mêlanges de Sels*, *Souffres*, *Escories* de fer, *Limailles*, ou *Ecailles* de fer, *Limailles* ou *Ecailles* de *Cuivre*, ou autres ingrediens convenables aux maladies des Métaux. Cette Manœuvre

B

eſt de la derniere conſequence. Le *Cent*   6 livres.

HUITIE'ME MANOEUVRE.

Second Lavage.

Ces Matieres étant ainſi bien préparées, elles feront tranſportées dans de grands *Mortiers* de fer, établis les uns ſur les autres, comme les Tonneaux dont nous venons de parler, avec des Tourniquets de fer, auſſi en croix, mais grands, gros, & peſans; leſquels en tournant ſans ceſſe, repileront toûjours les Matieres, en les relevant, & s'il ſe peut, à Eaux chaudes, avec la même diſpoſition des Robinets. Le *Cent*   6 livres.

NEUVIE'ME MANOEUVRE.

Troiſiéme & dernier Calcinage.

Ces Matieres reſtant pures & nettes par ce dernier Calcinage, s'appellent RAMENTUM. Elles feront miſes dans des *Chaudieres* de fer, tres-fines, poſées ſur des Fourneaux à *Reverbére*, qui auront des Tourniquets légers, ſeulement pour pouvoir les bien ſécher de tous côtés, afin qu'elles ſortent rouges & changées de couleur. Le *Cent*   6. livres.

Pour faux-frais de Commis, Ambulans, Extraordinaires, Surnuméraires, Etabliſſement des choſes néceſſaires à ces neuf premieres Matieres. Le *Cent* 2 livres 10. ſols.

Total.

Toutes ces Matieres ſortant ainſi nettes, bien épurées

& bien lavées , reviendront par Quintal de Pierre minérale, fortant du fein de la Terre, à la fomme de 60
livres.

Par toutes les Epreuves que nous avons faites, Nous
avons reconnu que le Quintal de Pierre minérale, ainfi
bien préparé, doit fe trouver reduit à la feule quantit
de *trois livres* pefant de Matiere vraiment métaliqu
Cependant il y a des Mines qui en donnent beaucoup
davantage.

Ces trois livres de Matiere , extraites d'un Quintal
de Pierre , revenant pour toutes dépenfes à la fomme de
60 liv. la Livre de RAMENTUM, ne revient qu'à 20 liv.

Par nos épreuves faites & réïterées fur ce RAMEN-
TUM, Nous avons toûjours trouvé que la livre nous a
rendu d'Or fin, fur le pié de *deux Onces*, & par confe-
quent de *fix Onces* par Quintal de Pierre minérale.

Tous nos Auteurs des Indes, de Hongrie, & d'Alle-
magne affûrent que chés eux la plus riche Mine d'Or
ne donne gueres que *trois Onces*. Et c'eft à cette quantité feulement que nous voulons nous réduire, pour
fonder fûrement nos projets ; car s'ils peuvent fe foute-
nir à *trois Onces* d'Or par Quintal, à plus forte raifon
à *fix*.

DIXIE'ME MANOEUVRE.

Premiere Fonte.

De ce feul point dépend uniquement le *vrai* ou le
faux du Plan que Nous nous faifons ici. Cette verifi-
cation fe peut faire en vingt-quatre heures.

Pour fe faire une idée jufte du détail de cette Affaire, il faut se persuader, & avec fondement, que les Pierres minérales ne manqueront jamais en France, quand on y établiroit dix mille Travaux, si cela étoit nécessaire. Il n'en est pas de même des Bois. Ils ne sont pas abondans aux lieux où les Mines sont fécondes, & c'est peut-être par le manque de bois que les Anciens ont abandonné leurs Travaux. A un inconvénient si grand & si embarassant, il y a pourtant plusieurs expediens, qui rendront toûjours le travail possible. Les Hommes ne manqueront pas non plus ; il s'en trouvera autant qu'on en aura besoin pour les Particuliers, dont le plus fort *Atélier* ne peut être au plus que de quatre cent hommes. Mais si les Travaux devenoient Roïaux, à lors le secours des Troupes ne seroit pas difficile. Les Eaux, absolument nécessaires, sont partout en tres-grande abondance.

A l'égard des Ouvriers pour toutes les Manœuvres, nous n'en avons aucuns dans le Roïaume ; mais comme Nous nous sommes formés nous-même à ce métier, il Nous sera facile d'en former, qui en formeront d'autres à leur tour. Notre Nation est laborieuse, & elle aime à aprendre les nouveautés, lorsqu'elle espére du fruit de ses travaux.

Il ne nous reste plus qu'à vérifier le *Produit* par la comparaison de la *Dépense*. Car s'il est vrai que nous aïons des Mines en France ; mais que les dépenses excédent les produits, & que ce soient des travaux purement Roïaux, hors de la portée des Particuliers, le Public ne peut trouver aucun avantage dans nos découvertes, & Nous sommes dans l'erreur ; mais il en est autrement.

Faisons-nous un Plan, pour un Particulier seul, d'un Atélier, bien établi sur une *Miniere* qui lui apartienne, aux termes de la Déclaration du Roi fur ce fujet ; fans quoi on ne peut rifquer aucuns Travaux. Supofons donc cet Atélier, compofé de quatre Fourneaux au plus, dans lequel Nous voulions tirer dans vingt-quatre heures cent Marcs d'Or, femblables aux Epreuves que Nous avons faites.

Nous avons dit que la livre de RAMENTUM doit donner une once d'Or. Que le Quintal de Pierre miné-rale produifoit trois livres de ce RAMENTUM, dont chaque livre revenoit à 20 liv. parce que les trois li-vres coûtoient 60 liv. pour leurs neuf Manœuvres ; ce qu'il eft bon de rapeller à la mémoire, en ce que ce cal-cul eft comme la bafe de tout cet Edifice.

Il Nous faudra donc pour notre Atélier de cent Marcs d'Or en vingt-quatre heures *huit cent livres* de RAMEN-TUM, qui fera le produit de *deux cent foixante-fix Quin-taux* de Pierres minérales, & ces huit cent livres de RA-MENTUM à 20 liv. la livre, montent à   16000 liv.

Cette premiere fonte fe peut faire dans des Fourneaux à vent, en *Creufets* de fer, femblables à ceux des Mon-noïes : Fourneaux à manches & foufflets, femblables à ceux des Indes & de Hongrie ; ou Fourneaux à Rever-bére, comme ceux dont les Anciens fe fervoient, & qui éxiftent actuellement dans leurs Travaux.

C'eft un abus de vouloir fondre les Métaux nobles, fans les *Fondans* convenables à leur nature & maladies, tres-fouvent grandes & embaraffantes. En vain voudroit-on donner des Mémoires fur ces Fondans, & les bien ex-pliquer. Cela dépend de la maladie du Métal ; d'ailleurs c'eft le fecret de l'Artifte, qu'il eft jufte qu'il referve pour lui. En général, cette dépenfe fur cent Marcs d'Or fe monte à   300 livres.

Pour dépenfes de Fourneaux , Bâtimens, & Uftanciles
de toutes fortes,   100 liv.

Pour bois & charbon en vingt-quatre heures , eu égard
à leur rareté,   300 liv.

Pour huit Fondeurs, à   4 l. *par jour*, 32 l. ⎫
   Trente-deux Garçons, à 2 l.   64 l. ⎬ 108 liv.
   Quatre Infpecteurs, à   3 l.   12 l. ⎭

ONZIE'ME MANOEUVRE.

Deuxiéme Fonte.

La premiere Fonte fe fait avec les Fondans, pendant
cinq ou fix heures, fans difcontinuation, & toûjours à
grand feu, la matiere de Mine & fes Fondans devant
être réduits en eau coulante. On la laiffe refroidir ; on
la repile ; on la paffe au *Tamis* de fer, & on la lave dans
des eaux chaudes, mais avec la précaution de ne rien
perdre, & ce qui refte après le Lavage, fe féche bien,
& fe refond dans un *Bain d'Argent de Départ*, dans la
proportion de trois parties d'Argent fur une d'Or. C'eft
à dire que fi vous tirés cent Marcs d'Or de votre premiere fonte, votre Bain d'Argent dans cette feconde
fonte, doit être de trois cent Marcs. Mais comme cela
ne fe peut faire fans déchet, Nous l'eftimerons à 20 pour
Cent, faifant foixante Marcs fur les trois cent, lefquels,
comme Argent de Départ à 40 liv. fe montent à 2400 l.

Pour bois & charbon, les Ouvriers étant les mêmes
que ceux de la premiere fonte,   100 liv.

DOUZIE'ME MANOEUVRE.

Troisiéme Fonte.

Ces quatre cent Marcs de Matieres d'Or & d'Argent ne pouvant paſſer au *Départ*, ſans avoir paſſé à la *Cou-péle*, il les faut refondre une troiſiéme fois avec le *Plomb* pour le paſſer à la *Coupéle* ; car il n'eſt point de Métaux nobles, qui ſortant de la premiere fonte, ne tiennent un peu de fer, de cuivre, ou d'autres matieres étrangeres & impures, qui ne peuvent être ſéparées & évaporées que par la Coupéle. L'uſage le plus commun pour cette opération, eſt de deux parties de plomb ſur une de ma-tiere de Coupéle, dans des Fourneaux à Reverbére. Ce-pendant à cauſe du *Cuivre*, preſque inſéparable des Mi-nes d'Or, nous compterons dix portions de plomb, ſur une de matiere ; de ſorte qu'il faut quatre mille Marcs de plomb pour quatre cent Marcs de matiere, faiſant vingt Quintaux, qui à 20 liv. le *Cent* peſant, comme ſi on le devoit toûjours tirer d'Angleterre, ce qui ne ſera pas dans la ſuite, y en ayant beaucoup en France, monte à la ſomme de   400 livres.

Pour bois & charbon,   100 livres.

TREZIE'ME MANOEUVRE.

Affinage.

Cette Manœuvre eſt une des plus néceſſaires pour porter au Départ les Matieres bien épurées. Elle ne ſe peut faire que dans des Fourneaux à Reverbére. Il faut

pour cette Manœuvre des Ouvriers experts, & qui
n'ayent point d'autres fonctions.

Pour Uſtanciles, Etabliſſemens, & Fourneaux. 100. l.
Pour quatre Affineurs à 6 l. *par jour*, 24 l. }
Pour douze Garçons à   2 l.   24 l. } 48 liv.
Pour bois & charbon.   300 liv.

QUATORZIE'ME MANOEUVRE.

Préparation au Départ.

Les Matieres ſortant bien épurées de la Coupéle, ne
ſe peuvent mettre au Départ, qu'elles n'aïent été rédui-
tes & converties en *Dragées*, auſſi menuës que le plomb
à Moineau, ou batuës en lames minces comme du pa-
pier, miſes en rouleaux comme des cornets, qui ſeront
bien recuits, ce qui ſe fait par les Ouvriers cy-deſſus, &
nous compterons pour bois & Uſtanciles ſeulement 130 l.

QUINZIE'ME MANOEUVRE.

Départ.

Peut-être pourra-t'on trouver des moïens de ſéparer
par le feu, ainſi que les Auteurs nous l'aprennent; mais
en attendant, comme nous avons l'uſage du *Départ*
avec les Eaux fortes, nous tablerons ici ſur cette dépenſe.

L'uſage ordinaire des Départs eſt de deux portions du
poids d'Eau forte ſur une de matiere. Ainſi aïant à dé-
partir quatre cent Marcs, il en faudra huit cent d'Eau-
forte, c'eſt-à-dire quatre cent livres peſant; & pour ne

ſe point tromper, on peut pouſſer cette dépenſe juſqu'à huit cent liv. au lieu de huit cent Marcs, laquelle Eau-forte eſtimée à quarante ſols la livre, les huit cent liv. ſe monteront à . . . . 1600. l.⎫
Pour ſix Ouvriers au Départ, ... 18 l. ⎫ ⎪
    Dix huit Garçons, ... 36 l. ⎬ 60 l. ⎬ 1860 l.
    Deux Inſpecteurs, ... 6 l. ⎭ ⎪
Pour Uſtanciles, Fourneaux, & autres, . . 100 l. ⎪
Pour bois & charbon, ... 100 l. ⎭

SEIZIE'ME MANOEUVRE.

Poudre d'Or.

Cette Poudre ſe trouve de couleur de *Brique brûlée.* Elle ſe raſſemble en un Vaſe, où elle ſe lave avec Eaux chaudes, autant de fois qu'il eſt neceſſaire, juſqu'à ce que les Eaux ceſſent de ſortir blanches.

Les Eaux-fortes chargées de l'Argent de Départ, ſe raſſemblent avec les Eaux de Lavage, dans des Vaſes de *cuivre-rouge pur,* ou on les laiſſe raſſeoir aſſez longtems pour retirer tout l'Argent qu'elles contiennent, lequel ſe poſe au fond comme *Lies,* ou *Boüës griſes.*

Cette Manœuvre demande

Six Ouvriers ſûrs & fideles, à . . . . 3 l. . . . 18 l. ⎫
Deux Inſpecteurs, à . . . . 3 l. . . . 6 l. ⎬ 224 l.
Pour bois & charbon, ... 100 l. ⎪
Pour Uſtanciles, ... 100 l. ⎭

DIXSEPTIEME MANOEUVRE.

Perfection de l'Or.

Cette Poudre mife en état par les *Lavages*, doit être bien féchée dans des *Creufets* de fer, & enfuite fonduë avec *Salpêtre*, ou *Borax*. Ce qui forme une dépenfe de   300 liv.

DIXHUITIE'ME ET DERN. MANOEUVRE,

Tranfport des Matieres aux Hôtels des Monnoies.

Ces Matieres, qui font préfentement l'Or tres-pur, feront tranfportées aux Hôtels des Monnoies, les plus proches des Travaux, pour y être payées par les Directeurs, fuivant le prix courant au tems des livraifons. Ainfi pour frais de voïages,   200 liv.

A tous ces frais, il faut encore ajoûter ceux des gros Etabliffemens, Avances d'argent, Frais de voïages, Directeurs généraux & particuliers, Infpecteurs, Commis, Ouvriers furnuméraires, & cas imprévûs & inévitables, que nous comptons fur chaque Atélier en vingt-quatre heures,   1030 liv.

Total des Dépenfes de chacun ATELIER *en vingt-quatre heures,*   24000 l.

Je ne croi pas que Nous aïons rien oublié pour les Dépenfes. Nous les avons même augmentées, de peur de nous tromper, parce qu'il peut arriver des cas imprévûs, & que ces fortes de Calculs ne doivent jamais fe porter ſi bas, qu'on puiſſe s'y méprendre. Venons préſentement au Produit.

PRODUIT.

S'il eſt réellement *vrai* que pour la dépenſe de 24000 liv. cet Atélier puiſſe opérer dans vingt-quatre heures *cent Marcs d'Or*, portés aux Hôtels des Monnoies, où il n'en ſera païé que *quatre-vingt*, les *vingt* de ſurplus y devant reſter pour les *Droits* du Roi, ſuivant la Déclaration de Sa Majeſté.

Quatre-vingt Marcs d'Or, à quatre cent livres le Marc, Guerre & Paix, qui eſt le prix commun, ſe monteront à la ſomme de   32000 liv.

DÉDUCTION.

Au terme de cette Déclaration, il doit être retenu ſur chaque Marc d'Or, par les Directeurs des Monnoies,

Savoir,

Pour les Droits de la Chambre Minérale,   16 liv.

Pour les Droits des Hôpitaux,   8 liv.

         Total par Marc,   24 liv.

Cela fait ſur quatre-vingt Marcs, dont l'Entrepreneur ſera païé aux Hôtels des Monnoies,   1920 liv.

Ainſi cet Entrepreneur ne recevra que   30080 liv.

Sur quoi, ſa dépenſe au plus haut ne montant qu'à   24000 liv.

Il lui reſtera un profit net en vingt-quatre heures de   6080 liv.

Cet Objet pourra bien engager les Maîtres de Forges

de fer à devenir Maîtres de Forges d'Or. Les premiers Travaux une fois établis, la fonte de l'Or ne se trouvera pas plus difficile que la fonte de fer.

Nous ne faisons aucune attention sur l'Argent que produisent nos Mines, Nous nous attachons uniquement à celles qui tiennent Or, comme les plus riches & les plus considérables, pour suivre en cela les Anciens, qui n'ont établi leurs plus grands Travaux que dans celles qui produisent ce précieux Métal.

OBSERVATIONS PARTICULIERES.

Nombre d'Hommes nécessaires à chaque Atélier.

Aux Tirages des Pierres Minérales,	300.
Aux autres Manœuvres,	100.
Total,	400 hommes.

OBJET POUR LE ROI.

Si chaque Atélier peut donner dans vingt-quatre heures cent Marcs d'Or, le ROI aura de cet Atélier seul par vingt-quatre heures vingt Marcs d'Or, qui en deux cent cinquante jours de travail lui donneront 5000 Marcs d'or.

S'il étoit possible d'établir plusieurs Atéliers sur une seule Miniere, comme il n'en faut point douter, que l'on juge de la vûë de cet Objet pour le ROI.

OBJET POUR LE ROYAUME.

Un Atélier donne par jour au ROI	20 *Marcs d'or.*
Au Particulier qui travaille,	80 *Marcs d'or.*
Total,	100 Marcs d'or.

En deux cent cinquante jours ESPECES à mettre dans
le Roïaume pour un feul Atélier, 25000. Marcs d'or.

REFLEXIONS.

Les premiers Etabliffemens feront tres-difficiles. Ce
feroit faire beaucoup, fi dans les premieres années, on
pouvoit procurer dans quatre Atéliers, bien établis fur
les meilleures Minieres, *cent mille Marcs d'Or*. Les Auteurs nous affurent que les Anciens tiroient chaque année *quarante mille Marcs d'Or*, fans compter l'Argent.
Ils n'avoient point l'ufage de la poudre, qui fait plus des
trois quarts du travail. Ils nous difent en d'autres endroits
que d'un feul Atélier ils tiroient par jour trois cent liv.
de douze onces, ce qui fait quatre cent cinquante Marcs.
Nous connoiffons le travail ; les *Epreuves* que Nous faifons voir préfentement font des matieres de ce *travail*,
où Nous avons reconnu la poffibilité de ce qu'ils avan-
cent. Ce feroit pour deux cent cinquante jours de travail
cent douze mil cinq cent Marcs, & nous réduifons tous
les travaux au feul nombre de cent mil Marcs par an,
pour ne pas donner des idées outrées, qui ne feroient
qu'augmenter l'étrange prévention dans laquelle on eft
de l'impoffibilité de cet Objet.

TROIS SEULS POINTS FIXES.

De tout ce Plan, il refulte trois *Points fixes*, aifez à
vérifier, comme nous l'avons dit dans ce Mémoire.

1°. Que les Mines, que Nous avons fait aporter des
Pirennées & de *Limofin*, tiennent réellement Or.

2°. Que par notre Travail il eft vrai que le *Quintal* de

Pierre peut donner *trois onces* de cet Or, bien pur & bien net.

3°. Que par le Plan des dépenses ici bien detaillées, il est clair que tous les Sujets du R o i peuvent travailler utilement à cette Agriculture, si noble & si utile.

9 782014 088984